住房和城乡建设部"十四五"规划教材

高等职业教育建筑工程技术专业系列教材

总主编 /李 辉
执行总主编 /吴明军

BIM+建筑设备系统与识图

主 编 彭 丽 李浩然
副主编 罗梽宾 赵 宁 沈路军
参 编 刘洁岭 郭 娜 赵 莹
　　　温 倪 杨江华
主 审 刘昌明

重庆大学出版社

内容提要

本书是按照《职业院校教材管理办法》的要求、在校企深度合作的基础上编写的新形态教材,适用于高职相关专业建筑设备类课程的项目式、任务式教学。全书分为 3 个部分(项目、知识点、配套图纸),共设置了 12 个工作任务,供学生字典式查阅的专业基础知识点 102 个,涵盖建筑给水排水、建筑供暖系统、通风与空调系统、建筑供配电与照明、建筑弱电等内容。

本书依据职业标准构建岗位工作情景,突出以学生能力培养为中心,在工作任务和知识点中有机融入课程思政元素,并配套在线开放课程,是四川建筑职业技术学院线上线下混合式教学的探索和实践成果,具有很强的创新性和实用性。

本书适用于高等职业教育建筑工程技术、建筑设备工程技术、建筑装饰工程技术和建设工程监理等专业的建筑设备课程教学,也可作为施工企业职工的岗位能力培训教材。

图书在版编目(CIP)数据

BIM + 建筑设备系统与识图 / 彭丽,李浩然主编. ――
重庆:重庆大学出版社,2023.8
高等职业教育建筑工程技术专业系列教材
ISBN 978-7-5689-3970-6

Ⅰ. ①B… Ⅱ. ①彭… ②李… Ⅲ. ①建筑施工—应用
软件—高等职业教育—教材 Ⅳ. ①TU7-39

中国国家版本馆 CIP 数据核字(2023)第 137529 号

高等职业教育建筑工程技术专业系列教材
BIM + 建筑设备系统与识图

主　编　彭　丽　李浩然
副主编　罗梽宾　赵　宁　沈路军
主　审　刘昌明
策划编辑:范春青　刘颖果

责任编辑:范春青　　版式设计:范春青
责任校对:谢　芳　　责任印制:赵　晟

*

重庆大学出版社出版发行
出版人:陈晓阳
社址:重庆市沙坪坝区大学城西路 21 号
邮编:401331
电话:(023)88617190　88617185(中小学)
传真:(023)88617186　88617166
网址:http://www.cqup.com.cn
邮箱:fxk@ cqup.com.cn(营销中心)
全国新华书店经销
重庆市国丰印务有限责任公司印刷

*

开本:787mm×1092mm　1/16　印张:17.25　字数:441 千
2023 年 8 月第 1 版　2023 年 8 月第 1 次印刷
印数:1—3 000
ISBN 978-7-5689-3970-6　定价:59.00 元

前　言

"建筑设备"课程面向土木建筑类高职专科和职教本科学生开设,培养土建类专业学生在建筑设备安装领域的基础岗位能力,包括建筑设备各类系统认识能力、施工过程跨专业沟通能力、分部工程施工图识图能力以及 BIM 工程应用能力。本书对校企合作、项目式、案例式、任务式教学改革和配套教材的活页形式进行了尝试和实践,主要具有以下特点:

一是,校企合作,源自岗位。本书为四川建筑职业技术学院与中七建工集团华贸有限公司合作编写,企业提供了实际工程项目的图纸、BIM 模型等资源,并融入建筑设备领域的相关职业标准、岗位标准、1 + X 建筑工程识图证书的中级标准。

二是,课程思政,育人为先。在各教学任务、情境设置和评价标准中,有机融入大国工匠、系统思维、合作精神、节能环保、劳动精神、标准(图纸)规范等课程思政育人要素,充分体现了专业教材的育人功能,与专业教学要求相匹配。

三是,教学改革,做中学练。经过专业群岗位能力和工作任务分析、课程内容重构,按照预留预埋、系统认知、系统识图、跨专业沟通四大岗位能力模块的 12 个项目共 56 学时的教学要求,提供了项目配套资料和资源,引导学生在做中学、学中练。

四是,新型活页,服务教学。以学生学习和课堂教学为中心,创新性地采用项目、知识点(102 个)、配套图纸(模型、图纸)三大板块组织活页教材,可与项目式教学、任务式教学、线上线下混合式教学等教法配套,强化教材的课堂教学适用性。

本书由彭丽、李浩然担任主编,罗桂宾、赵宁和沈路军担任副主编。具体编写分工如下:建筑给水排水部分的项目一、二、三和知识点 J、Z、B 由四川建筑职业技术学院的李浩然、郭娜和中七建工集团有限公司的沈路军编写;建筑供暖系统、通风与空调系统部分的项目四、五、六和知识点 N、F 由四川建筑职业技术学院的罗桂宾、刘洁岭、赵莹编写;建筑供配电与照明部分的项目七、八、九、十和知识点 D 由四川建筑职业技术学院的彭丽、中七建工集团有限公司的杨江华编写;建筑弱电部分的项目十一、十二和知识点 K 由四川建筑职业技术学院的赵宁、中七建工集团有限公司的温倪编写。配套图纸由四川建筑职业技术学院和中七建工集团有限公司共同提供。全书由四川建筑职业技术学院刘昌明主审。

由于作者水平有限,不足之处请广大读者和用书师生提出宝贵建议。

编　者
2023 年 3 月

教材使用说明

教师用书说明

1.本教材为活页式教材,分为三个部分:项目、知识点、配套图纸。其中:

(1)"项目"为课堂教学使用的材料(有建议课时、工作场景、学习任务);

(2)"知识点"发挥课程知识字典的作用,便于学生学习和教师补充讲解;

(3)"配套图纸"中有"项目"场景构建涉及的各系统施工图。

2.本教材以 OBE 教学理念为核心,适用任务式教学、项目式教学、讨论式教学等以学生为中心的教法。教师在用书过程中,可发挥学生主体作用,以项目或任务为线索,组织课堂教学。

3.本教材配套了同名在线开放课程,知识点讲解部分可作为补充学习资源,也可根据学生在线开放课程的考试成绩和合格证书(优秀证书)给予学生课程的平时成绩,可联系本书编写团队获取各院校在线开放课程考核合格学生名单。配套在线开放课程路径:智慧职教 MOOC→课程→BIM + 建筑设备系统与识图。

学生用书说明

1.本教材为活页式教材,分为三个部分:项目、知识点、配套图纸。知识点、配套图纸均是为项目服务的资料。

(1)"项目"为课堂教学使用的材料;

(2)"知识点"发挥课程知识字典的作用,便于学生学习和教师补充讲解;

(3)"配套图纸"中有"项目"场景构建涉及的各系统施工图。

2.本书可自学,学习过程中需发挥主观能动性,进入场景,根据老师的解读和指引完成项目的基本任务,需要用到知识点时可根据提示查找知识点的讲解和描述,还可进入在线开放课程进一步学习(配套在线开放课程路径:智慧职教 MOOC→课程→BIM + 建筑设备系统与识图),学有余力的学生可完成各项目的拓展任务。

3.学生可根据课程的进程选择携带三个部分中的部分资料,减少日常学习携带教材的重量。

目 录

项目一

教学楼项目生活给排水系统认知与施工图识读

（建议学时：8 学时）

一、工作场景

　　某学校 9#教学楼的生活给排水系统即将开始施工，作为设备安装施工员，你刚参与该项目，首要工作是了解项目的基本情况，识读项目生活给排水系统施工图，掌握项目生活给排水系统的情况。

　　请先通过项目 BIM 模型漫游视频了解项目，并根据指引完成学习任务。

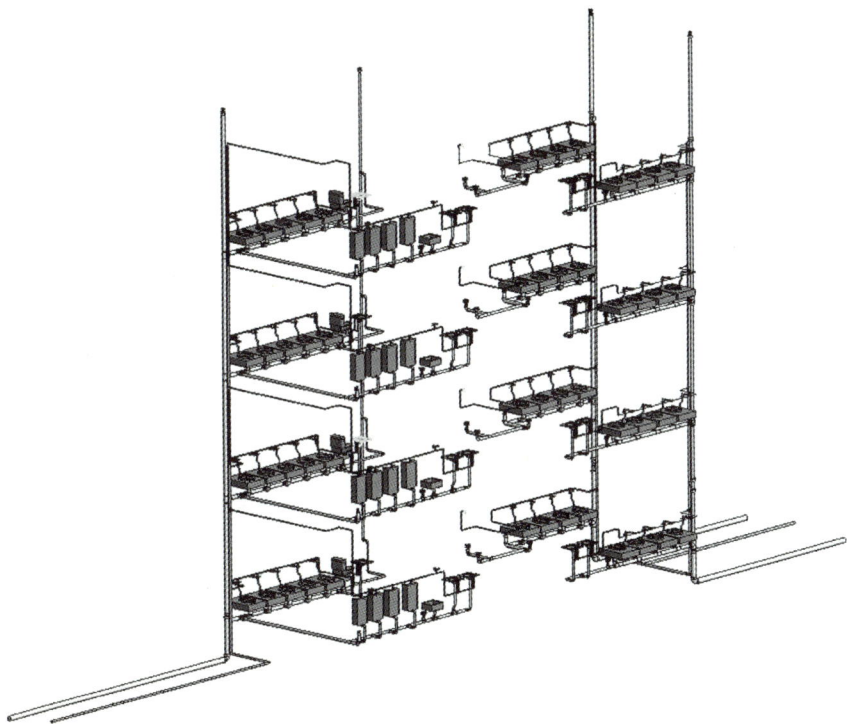

教学楼项目生活给排水系统认知与施工图识读

教学楼给排水施工图

图 1-1　项目的生活给排水系统 BIM 模型

二、学习任务

　　建筑给排水施工图系统性强、细节多、相互影响大，在 9#教学楼生活给排水系统施工图的识读过程中，要按照识图流程严谨细致地进行识读，并根据思维导图的顺序，逐一完成下列任务表格。

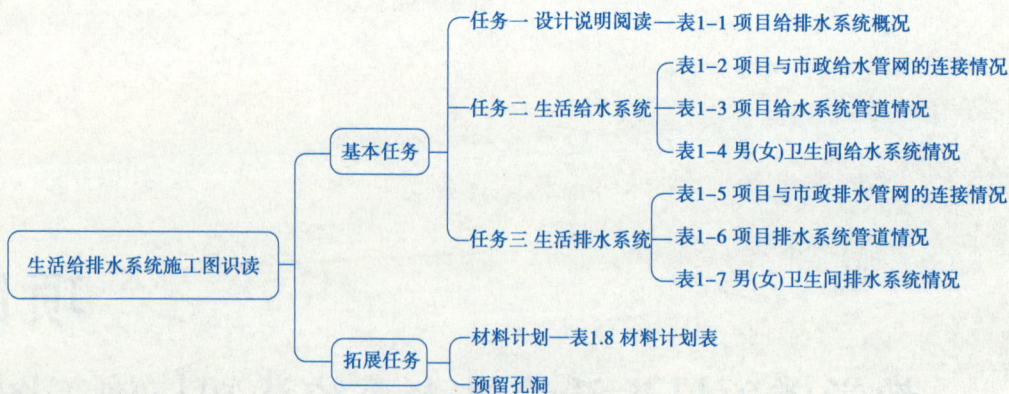

生活给排水系统施工图识读
├── 基本任务
│   ├── 任务一 设计说明阅读——表1-1 项目给排水系统概况
│   ├── 任务二 生活给水系统
│   │   ├── 表1-2 项目与市政给水管网的连接情况
│   │   ├── 表1-3 项目给水系统管道情况
│   │   └── 表1-4 男(女)卫生间给水系统情况
│   └── 任务三 生活排水系统
│   ├── 表1-5 项目与市政排水管网的连接情况
│   ├── 表1-6 项目排水系统管道情况
│   └── 表1-7 男(女)卫生间排水系统情况
└── 拓展任务
    ├── 材料计划——表1.8 材料计划表
    └── 预留孔洞

（一）基本任务

表1-1 项目给排水系统概况

序号	任务描述	使用的知识点及编号	学习难点记录
1	工程概况		
2	生活给水系统	J3,J10,J16	
3	生活排水系统	J7,J11	
4	管材	J12,J13	
5	设备与管道安装	J14,J15,J17,J18	
6	其他		
7	图例	J28	

表1-2 项目与市政给水管网的连接情况

序号	任务描述	提示	使用的知识点及编号	项目实际情况填写
1	项目的生活给水从哪里来？	建筑给水系统的引入管与市政给水管网相接，找到引入管就找到了项目的水源	J3,J28,J30	
2	引入管的位置	请用建筑轴网对其进行定位描述	J28,J30	
3	引入管的数目	引入管编号	J28,J29	

续表

序号	任务描述	提示	使用的知识点及编号	项目实际情况填写
4	引入管的大小	管径	J28,J29	
5	引入管的安装位置	平面定位参照引入管与建筑轴线或建筑墙体的水平距离,安装高度参照标高	J29,J30	
6	引入管进入建筑后与管道的连接情况	与之相连的立管编号	J28,J29	

表 1-3   项目给水系统管道情况

序号	任务描述	提示	使用的知识点及编号	项目实际情况填写
1	引入管	管径、标高	J3,J16,J28,J29,J30	
2	干管	管径、标高	J3,J10,J16,J28,J29,J30	
3	立管	管径、数量	J3,J16,J28,J29,J30	
4	支管	管径、标高	J3,J16,J28,J29,J30	
5	管道附件	阀门类型和型号	J18,J28,J29,J30	
6	管材	参见设计与施工说明	J12,J28,J29,J30	
7	管道连接方式	参见设计与施工说明	J14,J28,J29,J30	
8	管件	管件类型和型号	J15,J28,J29,J30	

表 1-4   男(女)卫生间给水系统情况

序号	任务描述	提示	使用的知识点及编号	项目实际情况填写
1	卫生器具	卫生器具的平面布置、种类、数量	J25	
2	卫生器具供水情况	供水立管编号及管径,与其相接的支管管径	J3,J10	

续表

序号	任务描述	提示	使用的知识点及编号	项目实际情况填写
3	给水管道附件情况	阀门的类型、型号和数量	J17,J18	
4	给水管道的安装位置	平面定位参见平面图,安装高度参见系统图标高	J16,J21,J22	

表1-5　项目与市政排水管网的连接情况

序号	任务描述	提示	使用的知识点及编号	项目实际情况填写
1	项目的生活污废水从哪里排出建筑?	建筑生活排水系统的排出管与市政排水管网相接,找到排出管就找到了项目生活污废水的排出口	J7,J28,J30	
2	排出管的位置	用建筑轴网对其进行定位描述	J28,J30	
3	排出管的数目	排出管编号	J28,J29	
4	排出管的大小	管径	J28,J29	
5	排出管的安装位置	平面定位参照排出管与建筑轴线或建筑墙体的水平距离,安装高度参照标高	J29,J30	
6	排出管进入建筑后与管道的连接情况	与之相连的立管编号	J28,J29	

表1-6　项目排水系统管道情况

序号	任务描述	提示	使用的知识点及编号	项目实际情况填写
1	排出管	管径、标高	J7,J28,J29,J30	
2	立管	管径	J7,J28,J29,J30	
3	支管	管径、标高	J7,J28,J29,J30	
4	通气管	通气管类型、管径、通气帽距屋顶高度	J7,J28,J29,J30	

序号	任务描述	提示	使用的知识点及编号	项目实际情况填写
5	管道附件	存水弯、地漏、检查口、清扫口等类型和型号	J20	
6	管材	参见设计与施工说明	J13	
7	管道连接方式	参见设计与施工说明	J14	
8	管件	管件类型和型号	J15	

表 1-7　男(女)卫生间排水系统情况

序号	任务描述	提示	使用的知识点及编号	项目实际情况填写
1	卫生器具	卫生器具的平面布置、种类、数量	J25	
2	卫生器具排水情况	排水立管编号及管径,与其相接的支管管径	J28,J29,J30	
3	排水管道附件情况	存水弯的类型、型号和数量	J20	
4	排水管道的安装位置	平面定位参见平面图,安装高度参见系统图标高	J21,J22	

(二)拓展任务

(1)根据施工图,提交项目给排水系统所需要的材料计划表。

表 1-8　材料计划表

名称	规格	数量
管道		
管件		
管道附件		

续表

名称	规格	数量
卫生器具		

注意:管材损耗按10%估计。

提示:管件连接,需考虑管件的长度。

（2）根据施工图,绘制项目给排水管道的预留孔洞。

排水管道预留套管

项目二
教学楼项目消火栓系统认知与施工图识读

（建议学时:4 学时）

一、工作场景

　　某学校 9#教学楼的消火栓给水系统即将开始施工,作为设备安装施工员,你刚参与该项目,首要工作是了解项目的基本情况,识读项目消火栓给水系统施工图,掌握项目消火栓给水系统的情况。

　　请先通过项目 BIM 模型漫游视频了解项目,并根据指引完成学习任务。

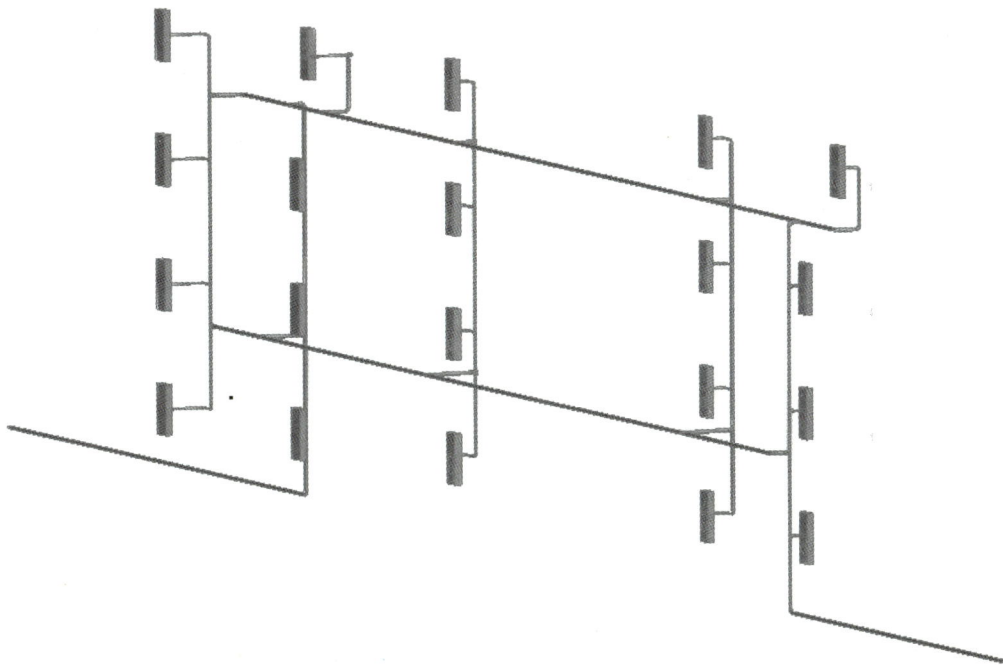

图 2-1　项目的消火栓给水系统 BIM 模型

二、学习任务

　　阅读 9#教学楼消火栓给水系统的施工图,根据思维导图的顺序,逐一完成下列表格。

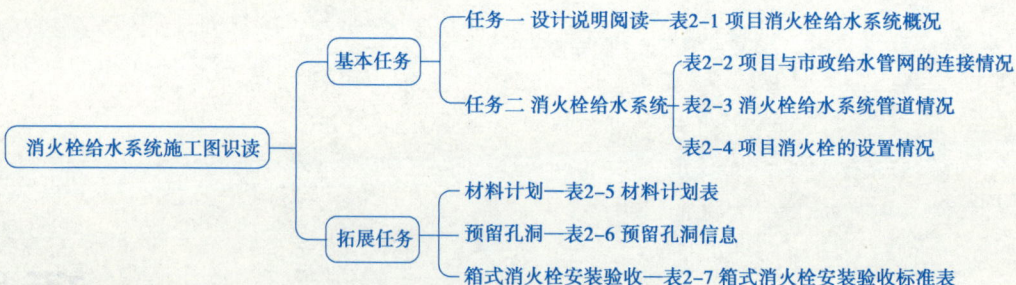

```
                                        ┌─ 任务一 设计说明阅读—表2-1 项目消火栓给水系统概况
                              ┌─ 基本任务 ┤                        ┌─ 表2-2 项目与市政给水管网的连接情况
                              │          └─ 任务二 消火栓给水系统 ─┼─ 表2-3 消火栓给水系统管道情况
消火栓给水系统施工图识读 ─────┤                                   └─ 表2-4 项目消火栓的设置情况
                              │          ┌─ 材料计划—表2-5 材料计划表
                              └─ 拓展任务 ┼─ 预留孔洞—表2-6 预留孔洞信息
                                         └─ 箱式消火栓安装验收—表2-7 箱式消火栓安装验收标准表
```

(一)基本任务

表 2-1 项目消火栓给水系统概况

序号	任务描述	提示	使用的知识点及编号	项目实际情况填写
1	工程概况			
2	消火栓给水系统		J5,J10,J16,J26	
3	管材		J12,J13	
4	设备与管道安装		J14,J15,J17,J18	
5	其他			
6	图例		J28	

表 2-2 项目与市政给水管网的连接情况

序号	任务描述	提示	使用的知识点及编号	项目实际情况填写
1	项目的消防给水从哪里来?	消火栓给水系统的引入管与市政给水管网相接,找到引入管就找到了项目的水源	J5,J28,J30	
2	引入管的位置	请用建筑轴网对其进行定位描述	J28,J30	
3	引入管的数目	引入管编号(特别注意消火栓系统的引入管数量)	J26,J28,J29	
4	引入管的大小	管径	J28,J29	
5	引入管的安装位置	平面定位参照引入管与建筑轴线或建筑墙体的水平距离,安装高度参照标高	J29,J30	

序号	任务描述	提示	使用的知识点及编号	项目实际情况填写
6	引入管进入建筑后与管道的连接情况	与之相连的立管编号	J28,J29	

表2-3　消火栓给水系统管道情况

序号	任务描述	提示	使用的知识点及编号	项目实际情况填写
1	引入管	管径、标高	J28,J30	
2	干管	管径、标高(特别注意干管的数量和位置)	J26,J28,J30	
3	立管	管径、数量、立管穿楼板的位置	J26,J28,J30	
4	支管	管径、标高、支管穿墙的位置	J26,J28,J30	
5	管道附件	阀门类型和型号	J15,J26,J28	
6	管材	参见设计与施工说明	J12	
7	管道连接方式	参见设计与施工说明	J14	
8	管件	管件类型和型号	J15	

表2-4　项目消火栓的设置情况

序号	任务描述	提示	使用的知识点及编号	项目实际情况填写
1	项目消火栓的数量	J26,J28		
2	消火栓的安装高度(相对于楼层地板)	J26,J28		
3	消火栓的设置位置	J26		
4	试验消火栓的位置	J26		

（二）拓展任务

1.材料计划

根据施工图,提交项目消火栓给水系统所需要的材料计划表。

表 2-5　材料计划表

名称	规格	数量
管道		
管件		
管道附件		
消火栓		

注意:管材损耗按10%估计。

提示:管件连接,需考虑管件的长度。

2.预留孔洞

管道安装涉及穿墙、楼板、屋顶等,请根据项目施工图,参照知识点 J22 填写下表。

表 2-6　预留孔洞信息

楼层	预留孔洞个数	预留孔洞位置(墙、楼板、屋顶)	穿越管管径	套管管径
1F				
2F				

3.箱式消火栓安装验收

项目施工完成后,作为安装施工员,需要对安装的箱式消火栓进行验收,请查阅《建筑给水排水及采暖工程施工质量验收规范》(GB50242—2002)后填写下表。

表 2-7　箱式消火栓安装验收标准表

检查验收项目	规定
水龙带与水枪	位置:
消火栓栓口	朝向:　　　　　是否安装在门轴侧:
消火栓栓口中心距地面	距离:　　　　　允许偏差:
阀门中心距箱侧面	距离:
阀门中心距箱后内表面	距离:
消火栓箱体	垂直度:　　　　　允许偏差:

项目三
图书馆项目自动喷水灭火系统认知与施工图识读

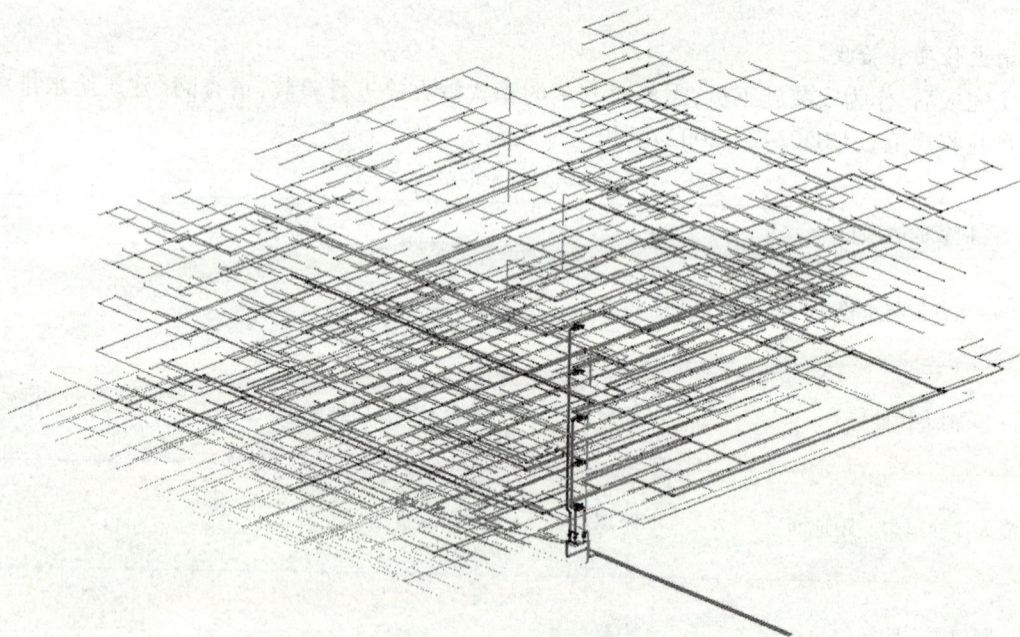

（建议学时：4 学时）

一、工作场景

某学校图书馆的自动喷水灭火系统即将开始施工，作为设备安装施工员，你刚参与该项目，首要工作是了解项目的基本情况，识读项目自动喷水灭火系统施工图，掌握项目自动喷水灭火系统的情况。

请先通过项目 BIM 模型漫游视频了解项目，并根据指引完成学习任务。

图 3-1　项目的自动喷水灭火系统 BIM 模型

二、学习任务

阅读图书馆自动喷水灭火系统的施工图，根据思维导图的顺序，逐一完成下列表格。基本任务为学生必须完成的学习任务，课堂拓展任务是教师或学生根据学习情况增设的学习任务。

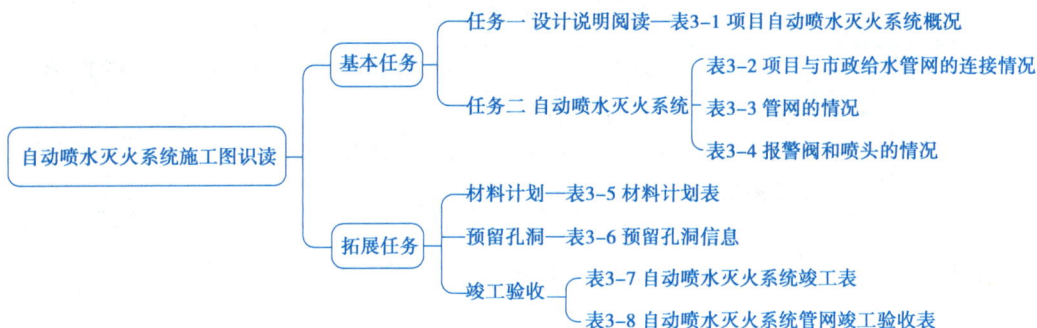

```
                                              ┌─ 任务一 设计说明阅读—表3-1 项目自动喷水灭火系统概况
                                    ┌─ 基本任务 ┤                         ┌─ 表3-2 项目与市政给水管网的连接情况
                                    │         └─ 任务二 自动喷水灭火系统 ┼─ 表3-3 管网的情况
  自动喷水灭火系统施工图识读 ─────────┤                                   └─ 表3-4 报警阀和喷头的情况
                                    │         ┌─ 材料计划—表3-5 材料计划表
                                    └─ 拓展任务 ┼─ 预留孔洞—表3-6 预留孔洞信息
                                              └─ 竣工验收 ┌─ 表3-7 自动喷水灭火系统竣工表
                                                         └─ 表3-8 自动喷水灭火系统管网竣工验收表
```

（一）基本任务

表 3-1　项目自动喷水灭火系统概况

序号	任务描述	使用的知识点及编号	项目实际情况填写
1	工程概况		
2	自动喷水灭火系统	J27	
3	管材	J12	
4	设备与管道安装	J14,J15	
5	其他		
6	图例	J28	

表 3-2　项目与市政给水管网的连接情况

序号	任务描述	提示	使用的知识点及编号	项目实际情况填写
1	项目的消防给水从哪里来?	自动喷水灭火系统的引入管与市政给水管网相接,找到引入管就找到了项目的水源	J3,J28,J29,J30	
2	引入管的位置	请用建筑轴网对其进行定位描述	J28,J29,J30	
3	引入管的数目	引入管编号(特别注意自动喷水灭火系统的引入管数量)	J28,J29,J30	
4	引入管的大小	管径	J28,J29,J30	

续表

序号	任务描述	提示	使用的知识点及编号	项目实际情况填写
5	引入管的安装位置	平面定位参照引入管与建筑轴线或建筑墙体的水平距离,安装高度参照标高	J28,J29,J30	
6	引入管进入建筑后与管道的连接情况	与之相连的立管编号	J28,J29,J30	

表 3-3　管网的情况

序号	任务描述	提示	使用的知识点及编号	项目实际情况填写
1	引入管	管径、标高	J3,J27,J28,J29,J30	
2	干管	管径、标高(特别注意管道的变径)	J27,J28,J29,J30	
3	立管	管径、数量、立管穿楼板的位置	J27,J28,J29,J30	
4	支管	管径、标高	J27,J28,J29,J30	
5	管道附件	阀门类型和型号	J18,J27	
6	管材	参见设计与施工说明	J12	
7	管道连接方式	参见设计与施工说明	J14	
8	管件	管件类型和型号	J15	

表 3-4　报警阀和喷头的情况

序号	任务描述	使用的知识点及编号	项目实际情况填写
1	报警阀类型	J18,J27	
2	报警阀数量	J28	
3	报警阀安装位置	J27,J28	

续表

序号	任务描述	使用的知识点及编号	项目实际情况填写
4	每个报警阀控制的喷头数量	J27,J30	
5	喷头类型	J27,J30	
6	喷头安装方式	J27	

(二)拓展任务

1.材料计划

根据施工图,提交项目自动喷水灭火系统所需要的材料计划表。

表 3-5　材料计划表

名称	规格	数量
管道		
管件		
喷头		

注意:管材损耗按10%估计。

提示:管件连接,需考虑管件的长度。

2.预留孔洞

管道安装涉及穿墙、楼板、屋顶等,请根据项目施工图,参照知识点 J22 填写下表。

表 3-6　预留孔洞信息

楼层	预留孔洞个数	预留孔洞位置(墙、楼板、屋顶)	穿越管管径	套管管径
1F				
2F				

3.竣工验收

项目施工完成后,需要进行竣工验收,请根据验收要求填写下列表格。

表 3-7　自动喷水灭火系统竣工表

系统类型	喷雾水冷却设备/喷雾水灭火设备/喷洒水灭火设备						
喷洒类型	干式/湿式/预作用/开式						
产品名称	产品型号	生产厂家	数量	产品名称	产品型号	生产厂家	数量
喷洒头				水泵			
水流报警器				稳压泵			
报警阀				气压水罐			
压力开关							

表 3-8　自动喷水灭火系统管网竣工验收表

分项内容	主要技术要求	分项验收意见	
		合格	不合格
报警阀后的管网	不能在喷水管网上接洗涤等用途的水管和水龙头		
管网管径	对照管径估算表,合理		
管网布置	坡度、排水口、末端试水装置符合要求		
管网设支架吊架、防晃支架	按规范要求设置合理		
管网上安装的节流管、减压孔板、减压阀、水流指示器、信号阀、泄压阀、排气阀	安装位置合理,型号、功能符合设计要求		
与报警系统充气系统配套联动试验	符合设计要求		

项目四
某学校宿舍楼项目供暖系统认知与施工图识读

（建议学时：6 学时）

一、工作场景

某学校宿舍楼的供暖系统即将开始施工，作为设备安装施工员，你需要先了解项目的基本情况，识读项目供暖系统施工图，掌握项目供暖系统的情况，并配合土建班组做好预留预埋。

请通过项目图纸了解项目，并根据指引完成学习任务。

二、学习任务

阅读某学校宿舍楼供暖系统的施工图，根据思维导图的顺序，逐一完成下列表格。

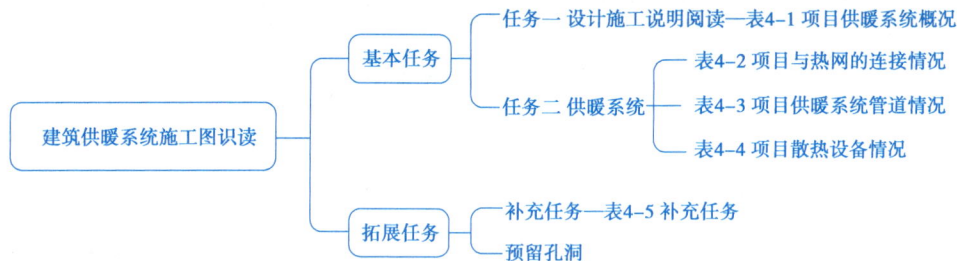

建筑供暖系统施工图识读
- 基本任务
  - 任务一 设计施工说明阅读——表4-1 项目供暖系统概况
  - 任务二 供暖系统
    - 表4-2 项目与热网的连接情况
    - 表4-3 项目供暖系统管道情况
    - 表4-4 项目散热设备情况
- 拓展任务
  - 补充任务——表4-5 补充任务
  - 预留孔洞

（一）基本任务

表 4-1　项目供暖系统概况

序号	任务描述	使用的知识点及编号	项目实际情况填写
1	设计依据		
2	设计范围		
3	供暖设计及计算参数		
4	围护结构热工计算参数	N3	

续表

序号	任务描述	使用的知识点及编号	项目实际情况填写
5	供暖系统	N2,N5,N14,N19	
6	通风系统		
7	施工说明	J18,N6,N14,F8	
8	图例	N19	
9	其他	N17	

表 4-2　项目与热网的连接情况

序号	任务描述	提示	使用的知识点及编号	学习难点记录
1	项目的供暖热水从哪里来?	建筑供暖系统的热力入口与校园热网相接,找到热力入口的供水管就找到了项目热水的来源	N19	
2	热力入口的平面位置	利用平面图及建筑轴网对其进行平面定位说明	N18,N19	
3	热力入口的空间位置	安装高度参照标高或者设计说明	N18,N19	
4	热力入口供回水干管的大小尺寸	管径	N18,N19	
5	热力入口供回水干管的坡度	坡度大小及坡度方向	N4,N5,N9,N18	
6	建筑内供暖系统有几个环路	参照平面图、系统图		

表 4-3　项目供暖系统管道情况

序号	任务描述	提示	使用的知识点及编号	项目实际情况填写
1	热力入口供回水干管	管径、标高		

续表

序号	任务描述	提示	使用的知识点及编号	学习难点记录
2	供水干管	管径、标高		
3	供水立管	管径、数量、编号		
4	管道附件	附件种类、安装位置		
5	管材	参见设计与施工说明		
6	管道连接方式	参见设计与施工说明		
7	管件	管件类型和型号		
8	暖沟的位置	平面图		
9	供回水管道的坡度	平面图		

表4-4　项目散热设备情况

序号	任务描述	提示	使用的知识点及编号	项目实际情况填写
1	散热器敷设情况	明确明装还是暗装	N13	
2	散热器类型	参见设计与施工说明		
3	散热器片数	平面图、系统图		
4	散热器安布置位置	平面图		
5	楼梯间、走廊散热器的布置情况	平面图、系统图		
6	散热器与立管的连接方式	平面图、系统图		

（二）拓展任务

（1）根据施工图，完成下列任务。

表 4-5　补充任务

名称	提示	项目实际情况填写
补充热力入口示意图	包括应有的仪表、附件	
在该项目设计说明中找出已经更新的规范、标准	参照现行国家标准、行业标准	
补充设备材料明细表	按照计量标准补充	

（2）根据施工图，绘制项目供暖管道的预留孔洞。

项目五
某学校宿舍楼项目供暖系统施工安装准备

（建议学时：4 学时）

一、工作情境

　　某学校宿舍楼的供暖系统即将开始施工，作为设备安装施工员，你在识读项目供暖系统施工图及掌握项目供暖系统的情况后，需要做好施工安装准备。

二、学习任务

（一）基本任务

请根据学习任务的描述和清单的顺序，查阅知识点以及相关资料，逐一完成下表的各步骤任务。

表 5-1　学习任务完成清单

序号	任务描述	使用的知识点及编号	学习难点记录
1	明确管材、管件的要求		
2	明确阀门的要求		
3	明确散热器的要求		
4	明确其他材料的要求		
5	检查供暖管道施工的作业条件		
6	配合土建施工进度，预留槽洞及安装预埋件		
7	按照设计图纸画出管路的位置、管径、变径、坡向的施工草图		

续表

序号	任务描述	使用的知识点及编号	学习难点记录
8	按照设计图纸画出卡架位置的施工草图		
9	检查散热器施工的作业条件		
10	按施工图分段、分层、分规格统计出散热器的组数、每组片数		

（二）拓展任务

表5-2 拓展任务清单

序号	任务描述	使用的知识点及编号	学习难点记录
1	分组模拟土建班组与安装班组就预留预埋问题的沟通过程		
2	解决供暖管道与系统发生的冲突		

项目六

某学校图书馆项目通风与空调系统认知与施工图识读

（建议学时:6 学时）

一、工作场景

某学校图书馆的通风与空调系统即将开始施工,作为设备安装施工员,你需要先了解项目的基本情况,识读项目通风与空调系统施工图,掌握项目通风与空调系统的情况,并配合土建班组做好预留预埋。

请先通过项目图纸了解项目,并根据指引完成学习任务。

二、学习任务

（一）基本任务

阅读某学校图书馆通风与空调系统的施工图,根据学习任务的描述,按清单顺序,逐一完成下表的各步骤任务。

表 6-1　通风与空调工程学习任务完成清单

序号	任务描述	使用的知识点及编号	学习难点记录
1	熟悉图书馆的建筑结构和功能分布		
2	明确各功能房间采用的通风空调系统类型	F1	
3	找出图纸中建筑防排烟系统的设置	F2	
4	明确各功能房间采用的空调系统类型	F3	
5	找出空调系统的各组成部分	F4	

续表

序号	任务描述	使用的知识点及编号	学习难点记录
6	熟悉通风与空调系统的管材、管件	F8,F10	
7	管道的连接、敷设和保护	F9	
8	熟悉通风与空调系统设备，明确其作用和所在位置	F13	

（二）拓展任务

表6-2　拓展任务清单

序号	任务描述	使用的知识点及编号	学习难点记录
1	根据施工图,提交通风与空调系统所需材料设备计划表		
2	避免与其他专业的冲突,顺利完成预留预埋及施工作业		

空调设备用房
BIM模型

项目七
建筑项目的总配电参数的沟通和确定

（建议学时：4学时）

一、工作情境

某学校9#教学楼的供配电系统即将开始施工,作为设备安装施工员,你刚参与该项目,首要工作是了解项目的基本情况和内容,识读项目供配系统图,掌握项目电气系统的基本情况,向施工班组和总包单位提供本项目的总配电需求参数。配套图纸如图7-1所示。

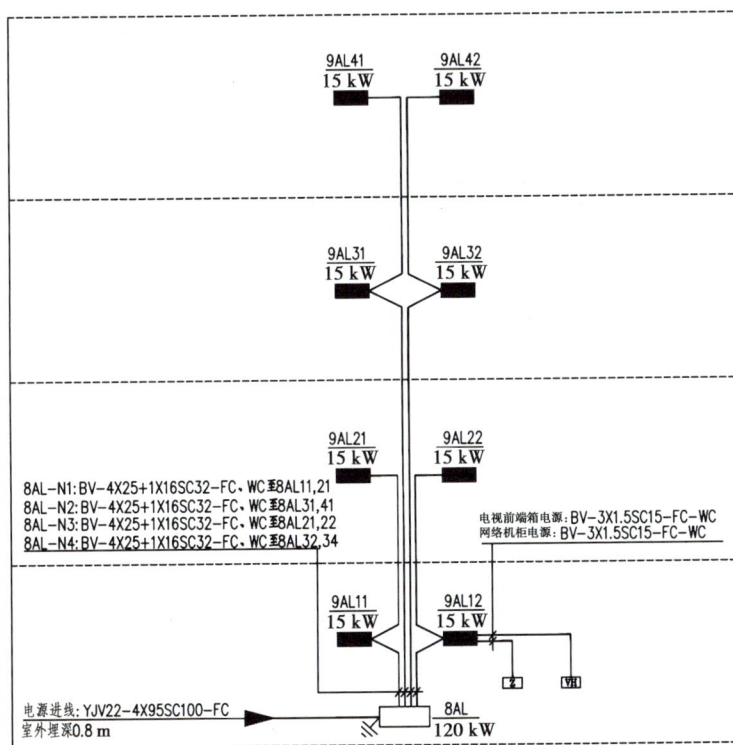

建筑项目的总配电需求参数的沟通和确定

教学楼电气施工图（强电）

图 7-1   9#配电干线系统图

二、学习任务

（一）基本任务

请根据学习任务的描述和清单的顺序,逐一完成表7-1的各步骤任务。

表7-1　学习任务完成清单

序号	任务描述	使用的知识点及编号	项目实际情况填写
1	明确本城市用电的来源和输送方式		
2	认识城市和区域用电和变电设备		
3	小区电力系统与城市电力系统的衔接		
4	电的几个参数意义		
5	确定小区电力系统的布置形式		
6	通过图纸说明确定项目负荷等级		
7	明确本项目负荷等级的要求		

(二)拓展任务

表7-2　拓展任务清单

序号	任务描述	项目实际情况填写
1	确定图书馆项目的总配电需求	
2	施工临时用电的总需求与项目用电需求的区别	

项目八
定制采购项目的所有配电箱

（建议学时:4 学时）

一、工作场景

　　某学校 9#教学楼的土建施工部分基本完工,供配电系统已经进场,作为设备安装施工员,你需要联系供应商,定制采购项目的所有配电箱(图 8-1),根据施工图明确配电箱内的电气配件。

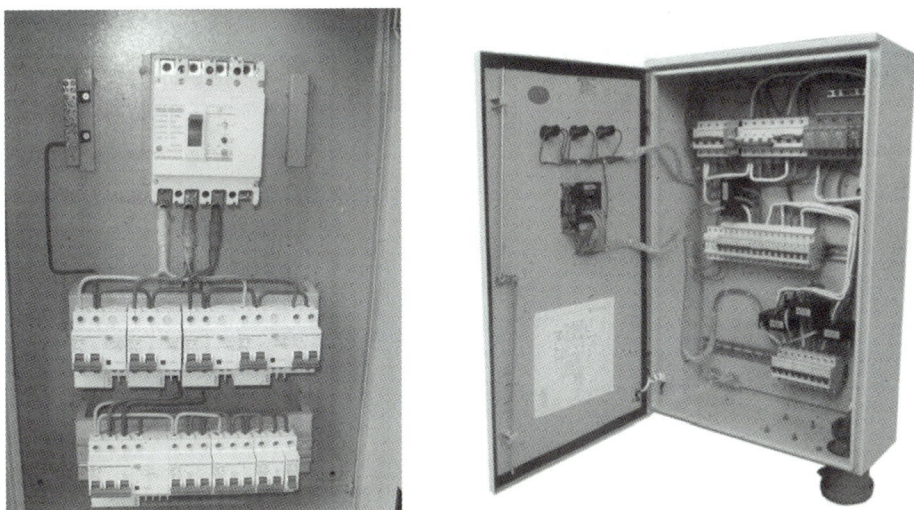

图 8-1　建筑配电箱实物图

定制采购项目的所有配电箱

配电箱内部元器件

二、学习任务

（一）基本任务

　　请根据学习任务的描述和清单的顺序,逐一完成表 8-1 的各步骤任务。

表 8-1　学习任务完成清单

序号	任务描述	使用的知识点及编号	项目实际情况填写
1	认识配电箱的作用		
2	知道配电箱的安装位置		
3	认识相应配电箱电气配件的作用		
4	认识配电箱和内部电气配件的图标		
5	识读电气系统图,获取配电箱种类和数量		
6	列出配电箱定制采购需求清单		

(二)拓展任务

表 8-2　拓展任务

名称	使用的知识点及编号	项目实际情况填写
定制的配电箱验收时应查看什么材料		
配电箱的安装要求		

项目九

电工班组的安全交底

（建议学时：4 学时）

一、工作场景

电工班组的安全交底

　　某学校 9# 教学楼的供配电系统即将开始施工，作为设备安装施工员，带领电工班组（除你以外还有 4 名电工），在 4 周的时间内完成电气线路和各类电气设备的安装工作。工作开始前，你需要用半天的时间，完成对电工班组的安全交底工作（即告知班组人员安全施工注意事项、安全管理要求等）。

二、学习任务

（一）基本任务

请根据学习任务的描述和清单的顺序，逐一完成下表的各步骤任务。

表 9-1　学习任务完成清单

序号	任务描述	使用的知识点及编号	项目实际情况填写
1	安全交底的作用		
2	明确电气施工中的安全风险		
3	明确电气施工操作要求		
4	电气设备使用安全和要求		
5	安全事故的处理		
6	书面安全交底材料		

（二）拓展任务

表9-2　拓展任务表格

名称	使用的知识点及编号	项目实际情况填写
5人一组模拟进行安全交底		
讲解安全电气新技术、新产品、新方法		

项目十
与土建班组配合完成电气管线和防雷系统的预埋

（建议学时：6 学时）

一、工作场景

某学校 9#教学楼正在进行主体结构工程的施工（混凝土工程），你是设备安装班组技术员，需要与土建班组配合，以建筑和电气图纸为依据，完成各类电气管线和防雷系统在梁板柱中的预留预埋。

图 10-1　电气管线和防雷系统的预埋

二、学习任务

（一）基本任务

请根据学习任务的描述和清单的顺序，逐一完成表 10-1 的各步骤任务。

表 10-1　学习任务完成清单

序号	任务描述	使用的知识点及编号	项目实际情况填写
1	通过建筑图纸明确教学楼的结构和功能分布		

续表

序号	任务描述	使用的知识点及编号	项目实际情况填写
2	总引入电线的位置和穿过建筑的方式		
3	电线线管在楼板中的布置		
4	配电箱、灯具预埋线管的数量和长度情况		
5	应急照明线路的预留预埋		
6	防雷接地系统与建筑主体的连接		

（二）拓展任务

表 10-2　拓展任务清单

序号	任务描述	使用的知识点及编号	学习难点记录
1	给排水管道与电气线管预留预埋时可能会发生冲突,如何避免?		
2	4人一组,模拟土建班组与安装班组就预留预埋问题的沟通过程		

项目十一

图书馆项目火灾自动报警系统认知与施工图识读

图书馆项目火灾自动报警系统认知与施工图识读

图书馆弱电施工图

（建议学时：4 学时）

一、工作场景

某学校图书馆的火灾自动报警系统即将开始施工，作为设备安装施工员，你刚参与该项目，首要工作是了解项目的基本情况，识读项目火灾自动报警系统施工图，掌握项目火灾自动报警系统的情况。

请通过项目图纸了解项目，并根据指引完成学习任务。

二、工作任务

（一）基本任务

表 11-1　火灾自动报警系统概况

序号	任务描述	使用的知识点及编号	项目实际情况填写
1	工程概况		
2	设计依据		
3	火灾自动报警系统组成及形式	K2，K3	
4	保护对象等级		
5	火灾探测器	K5，K6	
6	火灾报警控制器	K4	

续表

序号	任务描述	使用的知识点及编号	项目实际情况填写
7	图号		
8	图例	K15	

表 11-2　火灾自动报警系统相关设备

序号	任务描述	提示	使用的知识点及编号	项目实际情况填写
1	防火分区	要求、数量		
2	消防控制室	位置		
3	火灾探测器	类别、场所	K6	
			K6	
			K6	
4	手动报警按钮	设置原则	K7	
5	声光报警器	数量、安装要求	K8	
6	控制模块	联动设备	K9	
7	输入模块	联动设备	K9	

（二）拓展任务

（1）根据施工图，提交安装项目火灾自动报警系统所需要的材料计划表。

表 11-3　火灾自动报警系统材料计划表

名称	规格	数量
火灾报警控制器		
火灾探测器		

续表

名称	规格	数量
火灾探测器		
火灾探测器		
手动报警按钮		
声光警报器		
输入模块		
输出(控制模块)		

（2）火灾自动报警与联动系统设备连接方式及线材选用要求。

项目十二

教学楼综合布线系统认知与施工图识读

（建议学时：2 学时）

一、工作场景

　　某学校9#教学楼的综合布线系统即将开始施工，作为设备安装施工员，你刚参与该项目，首要工作是了解项目的基本情况，识读项目综合布线系统施工图，掌握项目综合布线系统的情况。

　　请通过项目图纸了解项目，并根据指引完成学习任务。

二、工作任务

（一）基本任务

表 12-1　综合布线系统概况

序号	任务描述	使用的知识点及编号	备注
1	工程概况	K12	
2	设计依据		
3	综合布线系统组成及模块划分	K11,K12	
4	网络进线预留		
5	信息插座类型	K12	
6	图号	K16,K17	
7	图例	K17	

表 12-2　综合布线系统

序号	任务描述	提示	使用的知识点及编号	项目实际情况填写
1	室外预埋进线管	数量及规格		
2	网络进线管	位置		
3	电话进线管	位置		
4	网络机柜的电源线	线型、穿管及敷设方式		
5	干线子系统	线型、穿管及敷设方式	K14	
6	水平子系统	线型	K13	
7	弱电线槽规格			

(二)拓展任务

(1)根据施工图,提交安装项目给排水系统所需要的材料计划表。

表 12-3　材料计划表

名称	规格	数量
机柜		
配线架(24口)		
RJ45连接器		
RJ11连接器		
UTP双绞线电缆		
光纤交换机		
弱电线槽		

（2）根据施工图，确定综合布线水平子系统线槽的规格（截面积）。

对于线槽规格的选择，可采用以下简易方式来计算：

$$S_{槽} = \frac{n \times S_{线缆}}{70\% \times (40\% \sim 50\%)}$$

式中　$S_{槽}$——所选择线槽的截面积；

　　　n——用户要安装线缆的条数（已知数）；

　　　$S_{线缆}$——选用的线缆面积；

　　　70%——布线标准规定的允许空间；

　　　40% ~ 50%——线缆之间浪费的空间。

请根据图书馆综合布线施工图，通过计算确定第 5 层水平子系统中金属线槽的最小截面积。